イネ・米・ごはん大百科

監修 辻井良政
佐々木卓治

4

お米の
品種と利用

イネ・米・ごはん大百科
④ お米の品種と利用

もくじ

ぼくたちといっしょに
品種や加工について
学ぼう！

お米博士（はかせ）　ダイチ　メグミ

この本の特色と使い方

●『イネ・米・ごはん大百科』は、お米についてさまざまな角度から知ることができるよう、テーマ別に6巻（かん）に分け、体系的（たいけいてき）にわかりやすく説明しています。

●それぞれのページには、本文や写真・イラストを用いた解説（かいせつ）のほかに、コラムや「お米まめ知識」があり、知識（ちしき）を深められるようになっています。

●本文中で（➡○巻（かん）p.○）とあるところは、そのページに関連する内容（ないよう）がのっています。

●グラフや表には出典（しめ）していますが、出典（すいてん）によって数値（すうち）がことなったり、数値の四捨五入（ししゃごにゅう）などによって割合（わりあい）の合計が100％にならなかったりする場合があります。

●1巻（かん）p.44～45で、お米の調べ学習に役立つ施設（しせつ）やホームページを紹介（しょうかい）しています。本文と合わせて活用してください。

●この本の情報（じょうほう）は、2020年2月現在（げんざい）のものです。

本文
各ページのテーマにそった基本的（きほんてき）な内容をまとめてあります。

コラム
品種改良のくふう
ブランド化のくふう
お米の加工のくふう
農家の人たちや企業（きぎょう）のくふう、努力など、具体的（ぐたいてき）な例を紹介（しょうかい）しています。

写真・イラスト解説（かいせつ）
写真やイラストを用いて本文を補足（ほそく）しています。

コラム
もっと知りたい！
重要な内容や用語を掘り下げて説明しています。

お米まめ知識（ちしき）
学習の補足（ほそく）や生活の知恵（ちえ）など、知っていると役立つ情報（じょうほう）をのせています。

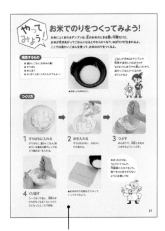

コラム やってみよう！
実際（じっさい）に体験できる内容（ないよう）を紹介（しょうかい）しています。

新しい品種をつくり出す
どうしてお米には たくさんの品種があるの？

日本にはうるち米だけで約290種類ものお米の品種があるんだって！

そうそう お米を買わなくちゃ

わあ～ いろいろな名前のお米があるんだね！

そのとおり！

同じ特ちょうを持つお米の種類を「品種」というよ

全国でたくさんの品種のお米がつくられていて品種ごとに名前があるんだ

北海道
あまみ、ねばりかたさのバランスがよく冷めてもおいしい

ななつぼし

新潟県
ほどよいあまみとねばりけで人気ナンバーワン！

コシヒカリ

秋田県

あきたこまち

小粒であっさりとした味わい

山形県
つや姫

粒が大きく見た目がつやつや

長崎県

にこまる

粒が大きくもっちりやわらか

熊本県

森のくまさん

やや細長いお米でねばり、弾力、あまみがある

ミルキークイーン

見た目が白くもちもちで冷めてもかたくなりにくい

お米にもいろいろな個性があるんだね

4

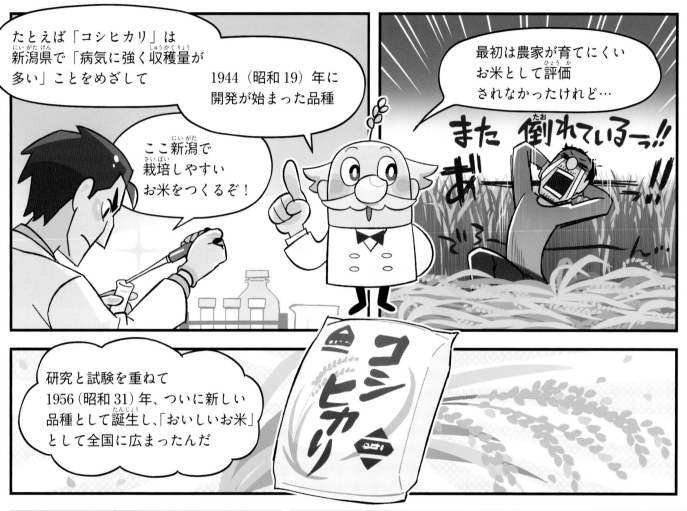

5

品種改良の歴史

イネが中国から伝来してから、日本ではさまざまな目的に合わせて品種改良がおこなわれてきました。

○ 育てやすくておいしいお米を開発する

「寒さや暑さに耐えられる」「茎が倒れにくくて育てやすい」「冷めてもかたくなりにくい」など、生産者や消費者が望む、新しい性質を持った品種をつくり出すことを「品種改良」といいます。

品種改良が本格的に始まったのは、1904（明治 37）年のことといわれています。

＼ 江戸時代のころは ／

ぐうぜんにたよっていた →6巻p.28

人が手を加えなくても、あるときぐうぜん、ほかとは異なる性質を持ったイネができることがある。熱心な農家の人びとがこうしたイネを選び出して育成し、新しい品種をつくり出していた。

このイネだけ元気だな…

品種改良の移り変わり

～江戸時代 ｜ 明治～大正時代

＼ 明治時代後半になると ／

人工交配による品種が誕生した

日本が近代化の道を歩み始めると、農産物を安定的に生産できるようになることが求められ、1904（明治37）年に、国立の農業試験場（→p.24）でイネの品種改良が始まった。「人工交配」といって、異なるすぐれた性質を持つイネを人工的にかけ合わせることで、「病気に強い」「寒さに耐えられる」といった性質を持つお米をつくれるようになった。

亀の尾 4 号
陸羽 20 号

寒さに強いが病気に弱い
病気に強い

陸羽 132 号

寒さにも病気にも強い

人工交配によって生まれたイネの品種第1号は「陸羽132号」だよ

品種改良の父

加藤茂苞

加藤茂苞は、国立の農業試験場で、技師として品種改良を始め、日本ではじめてイネの人工交配に成功しました。加藤は、約25年間にわたって数多くのイネの新品種の開発に取り組み、その功績を称えて「品種改良の父」とよばれています。

お米まめ知識

童話「やまなし」や童話集『注文の多い料理店』、詩「雨ニモマケズ」で知られる作家の宮沢賢治は、農学校の先生でもあったんだ。「陸羽132号」の普及に努めていたといわれているよ。

戦中・戦後には

「たくさん収穫できる」品種が食料不足に苦しむ人びとを支えた →6巻p.34

戦中・戦後の日本は国土が焼きはらわれ、労働力も不足していたため、お米の収穫量が激減していた。食料不足の時代であったため、お米の増産を目的として、「一度にたくさん収穫できる」という性質を持つ品種が次つぎと育成された。

平成時代に入ると

「スーパーライス計画」が開始 →p.14~15

おいしさだけでなく、栄養価の高い米や健康によい成分をふくむお米など、新しい品種がつくられた。

昭和時代中ごろから

「おいしさ」を求めてさまざまな品種が生まれた →p.10~13

1960年代後半に入ると、一定の量のお米を安定して収穫できるようになり、お米の生産は「量から質へ」と変わっていった。品種改良の目的も、「日本人の味覚に合ったおいしいお米をつくること」へと変化し、「コシヒカリ」やコシヒカリの子どもや孫にあたる品種が数多く誕生した。

これからの時代は

イネゲノムの研究が未来を切りひらく →p.22~23

近年、世界人口の増加による食糧危機などが心配されているが、イネゲノムによる品種改良がこうした課題の解決につながると期待されている。

昭和時代　　　　　　　　　　　**平成～令和時代**

イネの収穫量の変化

1883（明治16）年には400万tあまりしかとれなかったイネが、品種改良によって収穫量を伸ばしていることがわかる。戦中は収穫量が落ちこんだが、「たくさん収穫できる品種」の開発の成果によって、戦後には収穫量が急増している。

1970（昭和45）年ごろから収穫量が減っているのは、政府がお米の生産量を制限する「生産調整」をおこなったからだよ

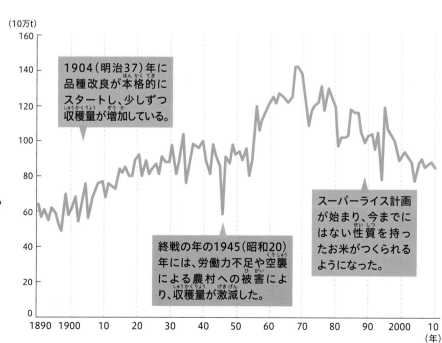

（10万t）

1904（明治37）年に品種改良が本格的にスタートし、少しずつ収穫量が増加している。

終戦の年の1945（昭和20）年には、労働力不足や空襲による農村への被害により、収穫量が激減した。

スーパーライス計画が始まり、今までにはない性質を持ったお米がつくられるようになった。

農林水産省「作物統計 収穫量累年統計（2015年公開）」より
※1890～2010年までを抜粋。

7

全国お米品種マップ

お米は全国で栽培されている農産物です。
ここでは、道府県ごとに代表的な品種を紹介しています。

900品種がつくられている

お米には、ごはんとして食べる「うるち米」やもちの原料となる「もち米」、日本酒の原料となる「酒米（➡ p.38）」があります。それらをすべて合わせて、2019（平成31）年3月31日現在、900品種が国に登録されています。このうち、うるち米として栽培されているのは、約290品種です。

品種別作付割合を見ると、「コシヒカリ」が2位以下を大きく引き離して1位となり、全国でつくられていることがわかります。また、東北地方では「ひとめぼれ」や「あきたこまち」が、西日本では「ヒノヒカリ」や「キヌヒカリ」の栽培がさかんです。

全国のお米の品種別作付割合

上位10品種で、全国の品種別作付の7割以上をしめている。

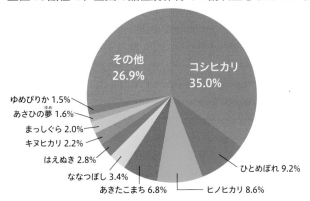

その他 26.9%
コシヒカリ 35.0%
ゆめぴりか 1.5%
あさひの夢 1.6%
まっしぐら 2.0%
キヌヒカリ 2.2%
はえぬき 2.8%
ななつぼし 3.4%
あきたこまち 6.8%
ヒノヒカリ 8.6%
ひとめぼれ 9.2%

公益社団法人米穀安定供給確保支援機構「平成30年産 水稲の品種別作付動向について」より

※平成30年度産うるち米（もち米、酒米をのぞく）

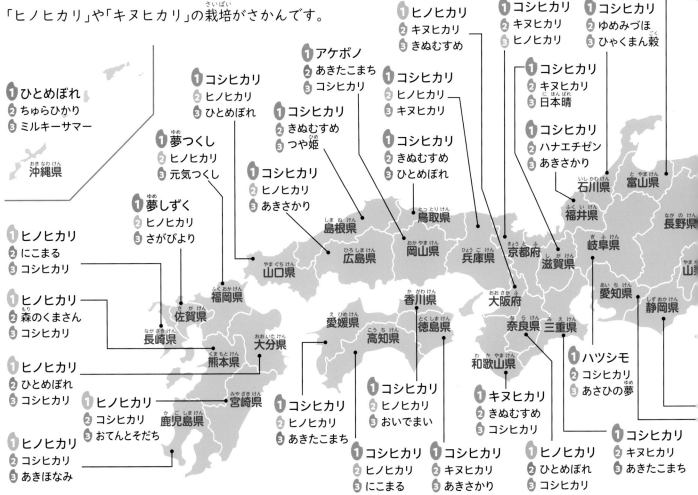

沖縄県
1 ひとめぼれ
2 ちゅらひかり
3 ミルキーサマー

福岡県
1 夢つくし
2 ヒノヒカリ
3 元気つくし

佐賀県
1 夢しずく
2 ヒノヒカリ
3 さがびより

長崎県
1 ヒノヒカリ
2 にこまる
3 コシヒカリ

熊本県
1 ヒノヒカリ
2 森のくまさん
3 コシヒカリ

大分県
1 ヒノヒカリ
2 ひとめぼれ
3 コシヒカリ

宮崎県
1 ヒノヒカリ
2 コシヒカリ
3 おてんとそだち

鹿児島県
1 ヒノヒカリ
2 コシヒカリ
3 あきほなみ

島根県
1 コシヒカリ
2 ヒノヒカリ
3 ひとめぼれ

岡山県
1 アケボノ
2 あきたこまち
3 コシヒカリ

広島県
1 コシヒカリ
2 きぬむすめ
3 つや姫

鳥取県
1 コシヒカリ
2 きぬむすめ
3 あきさかり

兵庫県
1 ヒノヒカリ
2 キヌヒカリ
3 きぬむすめ

京都府
1 コシヒカリ
2 ヒノヒカリ
3 キヌヒカリ

滋賀県
1 コシヒカリ
2 きぬむすめ
3 ひとめぼれ

石川県
1 コシヒカリ
2 キヌヒカリ
3 ひゃくまん穀

福井県
1 コシヒカリ
2 キヌヒカリ
3 日本晴

富山県
1 コシヒカリ
2 ゆめみづほ
3 ひゃくまん穀

岐阜県
1 ハツシモ
2 コシヒカリ
3 あさひの夢

愛媛県・高知県など
1 コシヒカリ
2 ヒノヒカリ
3 おいでまい

徳島県
1 コシヒカリ
2 ヒノヒカリ
3 にこまる

和歌山県
1 キヌヒカリ
2 きぬむすめ
3 コシヒカリ

奈良県
1 コシヒカリ
2 キヌヒカリ
3 あきさかり

三重県
1 ヒノヒカリ
2 ひとめぼれ
3 コシヒカリ

静岡県・愛知県など
1 コシヒカリ
2 キヌヒカリ
3 あきたこまち

香川県
1 コシヒカリ
2 ヒノヒカリ
3 おいでまい

道府県ごとの作付品種ベスト3

各産地の上位3品種を紹介している。

公益社団法人米穀安定供給確保支援機構「平成30年産水稲の品種別作付動向について」より

※平成30年度産うるち米（もち米、酒米を除く）

ひとつの都道府県にしか
ランクインしていない
お米のなかには、名前を
はじめて見る品種もあるよ。
お米の名前の由来を
調べてみるのもおもしろそう

北海道
1 ななつぼし
2 ゆめぴりか
3 きらら397

青森県
1 まっしぐら
2 つがるロマン
3 青天の霹靂

秋田県
1 あきたこまち
2 めんこいな
3 ひとめぼれ

岩手県
1 ひとめぼれ
2 あきたこまち
3 いわてっこ

1 コシヒカリ
2 てんたかく
3 てんこもり

1 コシヒカリ
2 あきたこまち
3 風さやか

山形県
1 はえぬき
2 つや姫
3 ひとめぼれ

宮城県
1 ひとめぼれ
2 つや姫
3 ササニシキ

新潟県
1 コシヒカリ
2 こしいぶき
3 ゆきん子舞

福島県
1 コシヒカリ
2 ひとめぼれ
3 天のつぶ

1 あさひの夢
2 コシヒカリ
3 ひとめぼれ

栃木県
1 コシヒカリ
2 あさひの夢
3 とちぎの星

茨城県
1 コシヒカリ
2 あきたこまち
3 あさひの夢

埼玉県
1 コシヒカリ
2 彩のかがやき
3 彩のきずな

東京都
※データなし

千葉県
1 コシヒカリ
2 ふさこがね
3 ふさおとめ

1 キヌヒカリ
2 はるみ
3 さとじまん

1 コシヒカリ
2 ヒノヒカリ
3 あさひの夢

1 コシヒカリ
2 きぬむすめ
3 あいちのかおり

1 あいちのかおり
2 コシヒカリ
3 ミネアサヒ

※東京都は統計データがないが、八王子市高月町などで米づくりがおこなわれている。

品種改良のくふう
日本一暑いまちで誕生した品種

　埼玉県を代表する品種のひとつである「彩のきずな」を開発した埼玉県農業技術研究センターは、2018（平成30）年7月23日に観測史上国内最高気温となる41.1℃を記録した埼玉県熊谷市にあります。

　お米は、暖かい昼間に光合成（→1巻 p.9）をしてデンプン（→5巻 p.14〜15）をつくり、すずしい夜間にテンプンを穂へと蓄えます。

　しかし、イネが出穂（茎の中にできたイネの穂が外へ出てくること）して約20日間のあいだに、夜間の気温が28℃以上の日が5日間以上続くと、せっかくつくったデンプンを消費してしまい、米粒が不透明になったり割れ目が入ったりする障害を起こすことがあります。

　彩のきずなは、暑い日には根から水を吸いあげ、葉や穂の温度を下げながら自ら温度調節するという特ちょうを持っているため、暑さによる障害が起きにくい品種です。彩のきずなは、日本一暑いまちで猛暑を生きぬいて生まれた、奇跡のお米なのです。

新しい品種をつくり出す

人気の品種「コシヒカリ」

日本では、全国各地でさまざまな品種のお米がつくられていますが、もっとも人気があり、収穫量が多いのが「コシヒカリ」です。

◯ 人気のひみつは味のよさ

「コシヒカリ」は、「どんなおかずにも合うお米」として、数ある品種のなかでも特に人気があるお米です。

コシヒカリが誕生したのは 1956（昭和 31）年です。それまで主流であった「たくさんとれる品種を開発する」という考え方をくつがえし、「おいしさ」を追究して生み出されました。

当初は、「茎が長くて倒れやすい」「病気にかかりやすい」といった弱点から、あまり栽培されていませんでしたが、農家や研究者による努力とくふうが重ねられ、1979（昭和 54）年には作付面積日本一となりました。

「おいしいお米」として全国に広まったコシリカリは、現在でも人気をほこっています。

茎が長く伸びる
コシヒカリは、
台風などの風雨で
倒れやすいため、
農家の人びとは
くふうをしながら
米づくりをしているよ

人気のひみつ 1

ねばりけがあり、あまい

コシヒカリが持つねばりけやあまみは、日本人の好みに合っている。

人気のひみつ 2

冷めてもうまみが残っている

ねばりけが強いため、冷めてもお米がかたくなりにくく、おいしさを保つことができる。

人気のひみつ 3

味の濃いおかずにも合う

コシヒカリには料理に負けないほどの香りがあるため、洋食など、味の濃いおかずとの相性もよい。

▶新潟県の魚沼地域で収穫されたコシヒカリ。高級米として知られる。
（写真：JA全農にいがた）

品種改良のくふう

コシヒカリ誕生の裏話

コシヒカリの開発が始まったのは1944（昭和19）年です。新潟県の農業試験場（➡ p.24）で、「農林1号」を父、「農林22号」を母として交配（➡ p.20〜21）がおこなわれ、生まれました。

農林1号には「実るまでの期間が短く、収穫量が多い」、農林22号には「病気に強く、実ったときの粒が大きい」という特ちょうがあります。当時の日本は第二次世界大戦中で深刻な食料不足におちいっていたため、「病気に強くて収穫量の多い品種をつくる」という目的で、開発が始まったのです。

ところが、この交配によって誕生した品種は、病気に弱いうえに、稲穂の重みで倒れやすく、「欠点が多くて農家が育てにくい米」といわれ、だれからも評価されませんでした。

しかし、肥料のやり方をくふうして根を強くするなど、栽培技術を向上させることで、数かずの課題を乗りこえ、1956（昭和31）年、ついに「コシヒカリ」と名づけた品種が誕生したのです。

コシヒカリの「コシ」は、新潟県の昔のよび名である「越後」の「越」から、「ヒカリ」は「農家の未来が光り輝くように」という願いからとっています。

▼新潟県の八海山のふもとにある魚沼地域に広がるコシヒカリの田んぼ。魚沼は、全国有数の豪雪地帯で、山に降り積もったたくさんの雪が雪解け水となって、田んぼを潤してくれる。また、周囲を山に囲まれ、昼と夜の温度差が大きい気候により、昼は太陽の光をあび、冷えこみの厳しい夜には、栄養を蓄えるようにしてイネは育つ。そのため、ねばりのあるおいしいお米になるといわれている。

国内で作付されるお米の3割以上をしめる

コシヒカリは、東北地方から九州地方まで、全国各地でつくられていて、国内で作付されるお米の3割以上をしめています（➡ p.8〜9）。全国のなかでも特にコシヒカリの栽培がさかんなのは新潟県、茨城県、福島県です。

また、九州地方の鹿児島県や宮崎県では、暖かい気候を生かして、一般的なお米の収穫時期よりも2〜3か月早い7月ごろに収穫できる「早場米」のコシヒカリがつくられています。

九州地方のコシヒカリが早場米なのは、台風の多い秋が来る前に収穫を終えるためなんだ

いろいろな品種

全国には「コシヒカリ」を親にして開発された品種や、地域ならではの品種、地球温暖化の影響を受けて開発された品種などがあります。

多くの品種がコシヒカリ系

現在出回っているお米のうち、約70%は「コシヒカリ」をもとにして生まれた品種といわれています。

たとえば、コシヒカリに次いで収穫量の多い「ひとめぼれ」「ヒノヒカリ」「あきたこまち」は、コシヒカリとそのほかの品種をかけ合わせて誕生した品種で、コシヒカリの子どもにあたります。また、あきたこまちとそのほかの品種をかけ合わせて誕生した「はえぬき」は、コシヒカリの孫にあたります。

コシヒカリとコシヒカリの子孫

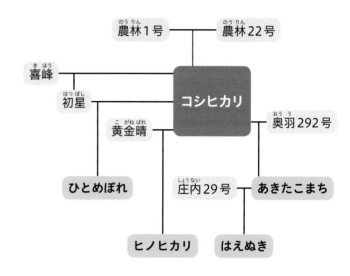

ひとめぼれ

作付にしめる割合は、コシヒカリに続いて全国第2位をほこる。程よいねばりけがあり、やわらかい。コシヒカリの味のよさを引き継ぎながらも寒さに強く、多くの地域で栽培されている。

おもな産地
宮城県、岩手県、福島県など

（写真：全農パールライス株式会社）

ヒノヒカリ

粒が小さいながらも厚みがあるため、食べごたえがある。ねばりけがそこまで強くないため、カレーライスやどんぶり飯のように、具をのせて食べるものに適している。

おもな産地
熊本県、大分県、鹿児島県など

（写真：鹿児島パールライス株式会社）

あきたこまち

秋田県での作付面積は7割以上（2019年4月時点）をほこる。水分量が多くねばりけが強いため、炊き立てはもちろん、冷めてもかたくなりにくくておいしい。

おもな産地
秋田県、茨城県、岩手県など

（写真：全農パールライス株式会社）

はえぬき

山形県を中心に栽培されている。米粒をかんだときに弾力がある。あまみがひかえめであっさりとしているため、冷めてもおいしく、お弁当やおにぎりなどに向いている。

おもな産地
山形県など

（写真：全農パールライス株式会社）

特定の地域でつくられるお米

お米は、数ある農産物のなかでもめずらしく、全国各地で栽培されています（➡ p.8 ～ 9）。

そのため、地域の気候や風土に合わせて開発された、その土地ならではの品種があります。

さまざまな困難や短所を克服したり、栽培方法をくふうしたりして開発されているよ

ななつぼし
北海道生まれ

北海道はほかの地域とくらべると気温が低いため、以前はパサパサでねばりがない「かたい米」しかできなかった。ななつぼしは、こうした北海道米の短所を克服して誕生した米で、現在は、北海道での作付面積の5割近くをしめている。

（写真：全農パールライス株式会社）

まっしぐら
青森県生まれ

青森県は、津軽地方と南部地方で土壌や気候に差があるが、青森県全域で栽培できるようにと開発されたお米。病気に強く、味や香りはさっぱりしている。

（写真：全農パールライス株式会社）

キヌヒカリ
近畿地方や徳島県でさかんにつくられている

「倒れやすい」というイネの短所を克服するために開発されたお米で、背丈が低く倒れにくい。近畿地方を中心に作付面積を広げ、全国の作付ランキングの上位10位に入っている。

（写真：JA全農とくしま）

夢つくし
福岡県生まれ

コシヒカリと「キヌヒカリ」をかけ合わせてつくられたお米。九州でもっとも大きい河川・筑後川流域が産地で、田んぼにレンゲをすきこみ、土の成分をととのえる「レンゲ農法（➡ 2巻 p.15）」で栽培されるため、通常よりも少ない化学肥料で米づくりができる。

（写真：JA全農ふくおか）

地球温暖化に対応した次世代のお米

近年、地球温暖化の影響で猛暑日が続き、米づくりにおいても、高温による不作や品質の低下が課題となっていました。

そこで、「暑さに強い品種」が求められるようになり、新潟県の「新之助」や富山県の「富富富」などが生まれました。

新しい品種の開発は地球の環境問題とも密接に関わっているんだね

新之助
新潟県が、「地球温暖化が進む時代にコシヒカリに依存していたら米づくりが立ち行かなくなる」という危機感から開発した品種。大粒で、あまみとコクがある。

（写真：新潟県農林水産部）

富富富
お米の品質低下につながる夏の猛暑にも負けず、病気にも強いお米。強いねばりがあってもっちりした食感なので、冷めてもかたくなりにくい。

（写真：富山県農林水産部）

お米まめ知識 熊本県には、コシヒカリとヒノヒカリを親とする「森のくまさん」という品種があるよ。高温に強い品種には、長崎県で普及が始まった「にこまる」もあるよ。

使いみちに合わせた品種

平成時代になってから新しく開発されたお米があります。おいしさや育てやすさだけでなく、これまでにはない特性を持っています。

「スーパーライス計画」で開発された新しい品種

1950年代後半ごろから日本の経済が急成長し始めると、食料を外国から輸入するようになり、日本人の食生活は欧米化していきました。それまでのお米を中心とした食事にかわって肉や小麦の消費量が急激に増え、お米の需要が減っていったのです。

こうした背景から、「今までにはない新しい品種を開発してお米の需要を伸ばそう」という目的で、1989（平成元）年から1995（平成7）年にかけて、「スーパーライス計画」というプロジェクトが進められました。このプロジェクトで生まれた新しい特性を持った品種は「新形質米」とよばれ、さまざまなものに使われています。

新形質米①

パラパラの食感を楽しめる 高アミロース米

アミロース（テンプンの成分の一種）の割合が高いため、炊いたときにねばりが少ないのが特ちょう。炊きたてのごはんをすぐに炒めてもパラパラになるため、チャーハンやピラフなどに向いている。

アミロースの割合

アミロース 30％前後

▲高アミロース米は、ビーフンやライスヌードルの加工にも適している。

代表的な品種：ホシユタカ、夢十色

新形質米②

冷めてもかたくなりにくい 低アミロース米

アミロース（デンプンの成分の一種）の割合が低いため、炊いたときにねばりが強く、冷めてもかたくなりにくい。弁当やおにぎりに向いているほか、α化米にも適している。

アミロースの割合

アミロース 5〜15％

▲α化米は乾燥処理をしたごはんで、水やお湯でもどして食べる。

代表的な品種：ミルキークイーン

品種改良のくふう 新形質米の品種「ミルキークイーン」

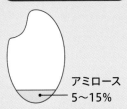

一般的に、品種改良は各都道府県の農業試験場（➡ p.24）が中心となって、その土地の風土や気候に合ったお米を開発しますが、「ミルキークイーン」は農林水産省を中心に、大学や研究機関などが協力し合って開発しました。お米の消費量減少を食い止めるようと、国をあげて育成された品種です。「コシヒカリ」をもとに改良した品種で、炊くとコシヒカリよりもねばりが強く、うまみが豊かな点が特ちょうとされています。

▶北は山形県から南は九州地方まで、全国的に幅広く栽培されている。特に生産がさかんなのは茨城県や新潟県。

（写真：全農パールライス株式会社）

日本酒の原料になる
巨大粒米

一般的なお米は1000粒で21～23gほどだが、巨大粒米は1000粒で35gもある。芯がかたく、大粒でかたちがくずれにくいことから、パエリアやリゾットに適している。

▲巨大粒米の品種「クサユタカ」の米粒（写真右）とふつう米の品種「コシヒカリ」の米粒（写真左）。 （写真：農研機構）

一般の品種の1.6倍（重量比）に相当するよ

代表的な品種：クサユタカ

白米よりも栄養価が高い
有色素米

わたしたちが見慣れている白いお米以外に、赤米や黒米（紫黒米ともいう）のように色が付いているお米がある。赤米は古代米ともよばれ、昔はお祝い事のときなどにお供えしていた。紫黒米は東南アジアや中国で古くから栽培され、日本には戦後に伝わったとされている。有色素米は、白米とくらべてビタミンやカルシウムなどが豊富にふくまれているため、近年では健康食品としての需要が高まっている。

▲赤米のイネ。 ▲黒米のイネ。

代表的な品種：ベニロマン（赤米）、朝紫（黒米）

ポップコーンのような香りがする
香り米

ジャポニカ米とインディカ米を交配してつくられた品種。米粒が細長く、炊いたときにポップコーンのような香りがする。ふつう米に3～10％混ぜると、ごはんの香りが増し、風味がよくなる。カレーライスなどに合う。

▲香り米の品種「サリークイーン」（写真左）とふつう米の品種「日本晴」（写真右）をくらべてみると、細長いことがわかる。 （写真：農研機構）

代表的な品種：サリークイーン、ヒエリ

健康によい成分をふくむ
巨大胚米

胚（イネの芽や根のもとになる部分）の大きさが一般的なお米の2～4倍ある。胚には、アミノ酸の一種である「ギャバ」という成分が豊富にふくまれている。ギャバには、血圧の上昇をおさえる作用があることが報告されている。

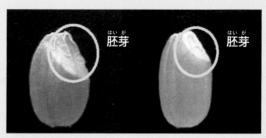

胚芽　胚芽

▲巨大胚米の品種「恋あずさ」（写真左）とふつう米の品種「あきたこまち」（写真右）。恋あずさのほうが胚芽が大きく、あきたこまちの約8倍のギャバがある。 （写真：農研機構）

代表的な品種：はいみのり、恋あずさ

15

お米をブランド化する

スーパーマーケットのお米売り場にならんでいるたくさんの
商品の中で、消費者に注目してもらうための戦略があります。

品種改良の成果によって
お米の戦国時代に

新しい品種を開発する努力が地道に続けられて
きた結果、おいしいお米がたくさん生まれ、「お
米の戦国時代」といわれるほどになりました。

たとえば、お米のおいしさの目安となる「食味
ランキング（→ 3 巻 p.15）」を見てみると、
1989（平成元）年にもっとも高い評価である「特
A」を獲得したのは 8 銘柄でしたが、2018（平
成 30）年には 55 銘柄に増えています。

数ある品種のなかで消費者に注目してもらえ
るよう、その品種ならではの名称をつけたりロゴ
をつくったりして、ほかの商品と差別化して売り
出すことを「ブランド化」といいます。

※流通しているお米を特定するために用いられる名称。「コシヒカリ」などのように、全国各地でつくられている品種は「新潟県魚沼産コシヒカリ」「新潟県佐渡産コシヒカリ」といったように、産地ごとによび分ける。

米の食味ランキング

食味ランキングは一般社団法人日本穀物検定協会によって、昭和 46 年度産米から実施されている制度。試験官が炊飯したお米を試食して、味を 5 段階で評価する。

 特A　基準米よりも特にすぐれているもの

 A'　基準米よりもすぐれているもの

 A　基準米とほぼ同等のもの

 B'　基準米よりもやや劣るもの

 B　基準米より劣るもの

「基準米」とは複数産地のコシヒカリをブレンドしたもので、これと味をくらべて評価しているよ

お米をブランド化する戦略の例

魅力的な名前を付ける

メインターゲット（特に商品を宣伝したい人）を決める

特Aランクのおいしさをアピールする

印象に残るロゴを考える

産地出身の有名人をイメージキャラクターに起用する

イメージキャラクター

有名人をイメージキャラクターに起用するなどしてお米を宣伝することで、お米の認知度が上がり、広く知ってもらうことが期待できる。

お米の名前の決め方

お米の名前には、ひらがなのもの、カタカナのもの、漢字が使われているものなど、さまざまなパターンがありますが、これは昔のルールが関係しています。

昔は「農林番号」で新品種を管理していた

お米の品種改良が本格的にスタートしたのは明治時代ですが、当時は国が主導しておこなっていました。新しい品種には「農林番号（農林1号や農林2号など）」を付けて管理していましたが、品種が増えてくると番号だけで管理するのは紛らわしいため、農林52号以降は、カタカナ6文字以内の品種名が付けられるようになりました。「コシヒカリ」や「ササニシキ」がその例です。

戦後になると、国とは別に、都道府県の農業試験場（➡ p.24）でも品種改良がおこなわれるようになりました。そこで、国がつくった品種と都道府県がつくった品種を区別するために、都道府県が育成した品種は、ひらがなか漢字で表記することになったのです。例えば「あきたこまち」や「はえぬき」がその例です。

しかし、1991（平成3）年以降はそのルールがなくなり、自由に名前をつけることができるようになりました。また、以前は新品種を開発した人が命名するのが主流でしたが、最近では「公募」といって、一般の人から名前を募集して決める方法も広まっています。「ゆめぴりか」や「森のくまさん」は、一般公募を経て決められた品種名です。

お米の名前の由来

お米の名前は、産地や品種が持っている特ちょうなどをわかりやすく表現し、しかも消費者に覚えてもらいやすい響きであることが大切である。

あきたこまち
秋田県生まれといわれている美人・小野小町にちなんで、おいしいお米として名声を得るようにという願いがこめられている。

はえぬき
「生え抜き」は「その土地に生まれ、その土地で育つ」という意味を持つ言葉。米どころの山形県で生まれ育ったお米が大きく飛躍することを願って付けられた。

ミルキークイーン
玄米が半透明なのでお米の表面が乳白色に見えることと、良質米の女王という意味をこめて名付けた。

新之助
産地である「新潟県」と「新しい」の「新」、凛として芯が強い日本男児をイメージした名前を付けることで、意志の強さを表現。

ゆめぴりか
北海道で育成された品種であることから、「夢」とアイヌ語で「美しい」という意味を持つ「ピリカ」を組み合わせて名付けた。

（写真：あきたこまち・はえぬき・ミルキークイーン／全農パールライス株式会社、ゆめぴりか／ホクレン農業共同組合連合会、新之助／新潟県農林水産部）

お米まめ知識 戦後は「コシヒカリ」と「ササニシキ」が主流だったけれど、ササニシキは1993（平成5）年の「平成の大冷害」で大打撃を受け、生産量が激減してしまったんだ。

TSUYAHIME

ブランド化のくふう 地域をあげてブランド化に取り組む

新しく開発した品種をブランド米として育て上げるには、
さまざまなくふうが必要です。

「つや姫」が日本を代表する ブランド米になるまで

　「つや姫」は山形県がほこるブランド米です。10 年に
およぶ研究開発の結果、2010（平成 22）年 10 月にデ
ビューしました。

　デビュー前の 2008（平成 20）年 2 月に山形県は、新
しい品種の認知度を上げて、全国的に生産量を増やしてい
くため、「山形 97 号ブランド化戦略実施本部（品種名を
つや姫と命名後はつや姫ブランド化戦略実施本部）」を立
ち上げました。

　「日本一おいしいお米として全国の消費者に評価される
こと」を目標に、生産者や農業団体、お米の販売業者、広
告業者、行政機関など、関係者が一丸となって、つや姫を
日本を代表するブランド米に育てあげたのです。

つや姫デビューまでの道のり

1998（平成 10）年
8 月 17 日に、「山形 70 号」を母、「東北 164
号」を父として、山形県立農業試験場庄内支
場（現在の山形県農業総合研究センター水田
農業試験場）で交配がおこなわれる。

2005（平成 17）～ 2008（平成 20）年
奨励品種（各都道府県が「自分の都道府
県内で普及すべき」として認定したすぐ
れた品種）の決定調査がおこなわれる。

2009（平成 21）年
一般公募、県民投票を経
て、品種名が「つや姫」
に決まる。「つや姫」の
商標登録がおこなわれる。

1998年　　　　　　　　　　　　　　　　　　　　　　　2010年

2004（平成 16）年
何度も選抜（→ p.20 ～ 21）を
くり返したすえに、食味の良いイ
ネの開発に成功。「山形 97 号」と
いう番号を付ける。

2008（平成 20）年
4 年間におよぶ調査のすえ、
山形県の奨励品種に採用さ
れる。「山形 97 号ブランド化
戦略実施本部」を立ち上げる。

2010（平成 22）年
10 月 10 日 10 時 10 分に、
つや姫の販売が開始し、全
国デビューする。

つや姫のブランド化を支える3つの柱

ここでは、それぞれの戦略における代表的な取り組みを紹介しています。

1 生産戦略

ブランド米として品質を維持するための制度を設ける。

生産者の認定制度

つや姫はだれでも自由に生産できるわけではない。「つや姫生産者認定委員会」が、栽培を希望する生産者の栽培条件や栽培実績を判定し、条件を満たしていると認められた者だけが生産できる。

「山形つや姫マイスター」による技術指導

つや姫の栽培についての知識と経験が豊富なマイスターが生産者に栽培技術を指導することで、お米の品質を均一にする。

▶つや姫マイスターがつくった限定品もある。

2 コミュニケーション戦略

つや姫の認知度を上げるための宣伝をする。

テレビCMなどによる宣伝

三大都市圏（関東圏、関西圏、中京圏）でテレビCMを放映。つや姫は、お米の品質や安全性などにこだわる一般消費者や飲食店をメインターゲットにしているため、それに合う有名人をイメージキャラクターに起用している。

山形県の新品種「雪若丸」との相乗効果をねらう

つや姫と雪若丸をいっしょに宣伝することで注目してもらう。

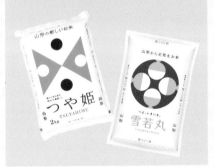

3 販売戦略

消費者につや姫を買ってもらい、ファンを増やす。

「つや姫レディ」によるイベント

つや姫の魅力をアピールする「つや姫レディ」によるイベントを全国各地で開催する。

▲つや姫レディ。

量販店での試食イベント

炊飯器のメーカーなどと協力して、家電量販店で試食イベントをおこない、つや姫のおいしさを実感してもらう。

つや姫の弟として生まれた「雪若丸」

　山形県は、つや姫に続く品種として、2018（平成30）年10月に「雪若丸」を発表しました。お米を炊いたときの白さとつやがつや姫に似ていることに加え、かんだときに弾力のある食感で、食べごたえがあります。山形県でつや姫の次に生まれたお米であることから、つや姫の弟をイメージさせる名称として、雪若丸に決まりました。山形県は、つや姫と雪若丸のふたつのブランド米を通じて、お米の魅力を発信しているのです。

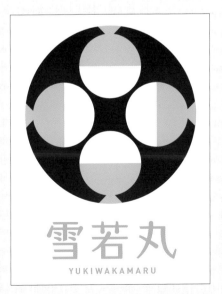

雪若丸
YUKIWAKAMARU

（写真：山形県県産米ブランド推進課、株式会社ミツハシ）

新しい品種をつくり出す

品種改良のしくみ

品種改良は、品種開発を専門とする育種家（ブリーダー）や研究者、農家などが協力し合っておこなわれます。

すぐれた品種をかけ合わせる

イネの品種改良にはいくつかの方法がありますが、もっとも一般的なのは「交雑育種法」です。これは、目的に合った性質を持つ2種類の品種を人の手でかけ合わせる方法です。

母親となる品種のめしべに、父親となる品種の花粉を付けることで、両方の性質をあわせ持った新しい品種をつくり出すのです。

交雑育種法による品種改良の手順は、大きく「交配」「選抜」「固定」の3つのステップに分けられます。

（写真：農研機構）

交雑育種法による品種改良

母親　味がよい

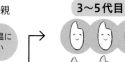
父親　高温に強い

1代目

母親と父親の両方の性質を半分ずつ受け継いだ子どもができる。

2代目

両親の性質がまざり合い、いろいろな性質を持った子どもができる。

3〜5代目

性質はまだ安定せず、さまざまな性質を持った子どもができる。この中からすぐれたものを「選抜」する。

6〜9代目

すぐれた性質が安定してあらわれるようになるまで、「選抜」と「固定」をくり返す。

10〜12代目

味がよくて高温に強い

各地域で栽培実験をおこなったのち、新しい品種として登録される。

1 交配

新しい品種をつくるためには、親となる2種類の品種をかけ合わせることからスタートする。人の手でめしべに花粉を付けることを「交配」という。

母親となる品種の花粉を働かなくする

母親が自分で受粉しないように、イネの穂をお湯につけて花粉を働かなくする。

咲かない花を取りのぞく

お湯につけると花が咲き始める。このとき咲かない花は、まだ時期が早すぎるので取りのぞく。お湯につける前に自分で花粉を受粉してしまい、すでに咲いていた花も取りのぞく。

父親となる品種の穂を集めて花を咲かせる

交配当日に、父親になる品種のイネの穂を集め、花が咲くのを待つ。

20

↓

交配する

父親の穂を持ち、母親の花に近づけて花粉をかける。

▶花粉がふりかかっているようす。

↓

日当たりのよい場所で管理する

日当たりのよい場所に置いて、種が実るのを待つ。

↓

2 選抜

交配でできた種をまいて育てたイネにたくさんの種が実る。同じ親からできても、穂が長いものや短いもの、種がたくさんなっているもの、なっていないものなど、子どもの性質は少しずつちがう。このなかから、目的に合うものを選ぶ。

 →

▲さまざまな特ちょうを持った種ができる。

▲ひとつひとつ手でさわってよいものを選ぶ。

↓

3 固定

2で選抜したイネの種を育てると、またいろいろな性質を持ったイネが育つ。そのなかから、目的に合ったイネの種を選抜する。これをくり返していくうちに、子どもの性質が安定してくる。これを「固定」という。

固定してはじめて、品種になる条件を満たしたといえるよ

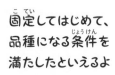

品種改良のくふう イネの性質を見極める方法

交配したイネを選抜するときは、次のような方法で性質を見極めます。

寒さに強いイネを選ぶとき

田んぼに意図的に冷たい水を流して、イネが実るかどうかを確かめる。

冷たい水を流しているようす。

寒さに弱いイネは実らない。

寒さに強いイネはたくさん実る。

病気に強いイネを選ぶとき

病気になりやすい環境でイネを育て、イネのようすを確かめる。

病気に強い。

病気に弱く葉がかれている。

もっと知りたい！ さまざまな品種改良

交雑育種法は、選抜と固定をくり返して性質を安定させていくため、新しい品種が誕生するまでに10数年かかります。また、次の方法での品種改良もおこなわれています。

放射線育種法
イネに放射線をあてて突然変異を生じさせ、品種改良をする方法。

遺伝子組換え
ほかの品種やほかの生物が持っている遺伝子（➡ p.22）を改良したいイネに導入する方法。

※突然変異は、親が持っていない性質が突然あらわれ、遺伝（➡ p.22）すること。

未来を切りひらくお米の研究

最先端の科学技術を駆使してイネの正体を解き明かすことで、食糧危機の解決や新しい品種改良の開発につながると期待されています。

❶ イネゲノムの解明が 世界の食糧問題の解決になる

2019（令和元）年7月現在、世界の人口は77億人ですが、2050年には97億人に増えると予測されています。人口が増加すれば食料の需要が増えるため、将来的に食糧危機におちいることが心配されています。

こうした背景から、最先端の科学技術を利用してイネの根本的なしくみを解明する「イネゲノムの研究」がスタートしました。

イネゲノムとは、イネが持っている遺伝情報（親から子どもへ伝えられる情報）のことで、これを明らかにすることができれば品種改良にも応用することができ、食糧危機を防ぐのに一役買うと期待されているのです。

DNA 2本のひもがらせん状にからみ合った構造をしている。DNAの中にある、親の性質を子どもに伝える働きをする物質を「遺伝子」という。

塩基 DNAは「A（アデニン）」「T（チミン）」「G（グアニン）」「C（シトシン）」という4つの塩基で構成されている。AはTとのみ、GはCとのみ結合する。遺伝情報は、この塩基のならびによって決まる。

イネゲノムの正体

生物は細胞によって構成されていて、細胞の中にある「核」という器官の中に「染色体」がある。染色体はイネの性質を決めている「DNA」という物質が折りたたまれたもの。DNAを構成する「塩基」のならびがイネの遺伝情報で、イネゲノムの正体となる。

イネ

イネの細胞 細胞の中に「核」がある。

染色体 核の中にあり、細胞が分裂するときにあらわれる。イネには12本の染色体があり、DNAをおもな成分としている。

2004（平成16）年12月に、すべての塩基のならびを解明することに成功したよ。この研究成果は、新しい品種を開発するときにも役立てられているよ

DNAマーカーを使って効率よく選抜する

交雑育種法（➡ p.20）には、「交配」「選抜」「固定」の3つの手順がありますが、交配後に目的に合った性質の種を選抜するとき、イネをひとつひとつ観察して見極めるのは手間のかかる作業です。しかし、DNAの塩基のならびが解明されたことで、DNA解析をすることが可能になりました。

たとえば、「寒さに強い」品種と「病気に強い」品種をかけ合わせると、「寒さに強いが病気に弱い」「寒さに弱いが病気に強い」「寒さにも病気にも弱い」「寒さにも病気にも強い」など、さまざまな性質を持った種ができあがり、その中からすぐれた性質を持った種を選び出す必要があります。

このとき、塩基のならび方のちがいを調べることができれば、目的に合った種を効率よく選び出すことができます。このように、DNAを解析して選抜することを「DNAマーカー育種」といいます。

DNAマーカー育種による選抜

病気に強いDNAを持っているか持っていないかを検査しているようす。白い線の位置をくらべて判断する。

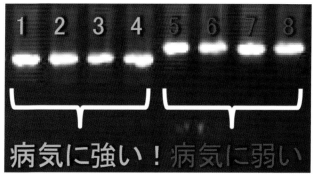

(写真：農林水産省)

この育種方法によって品種開発に要する時間を最短で4年程度に短縮することが可能になったよ

もっと知りたい！ 品種を保存・管理する「ジーンバンク」

ジーンバンクは、植物の種子などを保存している施設です。農作物のジーンバンクは、農研機構（➡ p.25）が管理しています。農作物の品種は、時代とともに変わっていきますが、昔の品種を保存、管理しておくことは、将来的に貴重な財産になります。

ジーンバンクには、世界中のイネの種子が保存されているために、新しい品種を開発するときに重要な役割を果たしています。

たとえば、以前に飼料用米（➡ p.44）として、一度にたくさん収穫できる品種が求められていました。しかし、日本で栽培されているイネの多くはコシヒカリかその血縁の品種が多く、「多少味が落ちてもたくさんとれる性質（多収性）

温度はマイナス1℃、湿度は30%に保たれた種子貯蔵庫（写真下）と種子が入ったびん（写真左）。

の品種」が存在しませんでした。そこで、ジーンバンクに保存されていた、多収性を持つ韓国などの品種をかけ合わせて品種改良をおこない、目的に合った新品種の開発に成功しました。

(写真：農研機構)

お米づくりを支える研究機関

品種改良や技術開発は、都道府県や国が主導となっておこなっています。研究機関には、都道府県が設立したものと国が設立したものがあります。

地元の農業の発展を支える「農業試験場」

各都道府県には、地域の特性を生かしたオリジナル品種を開発したり、土壌や病害虫の調査などをして地元の農業を支える「農業試験場」という研究機関があります（「山形県農業総合研究センター」や「東京都農林総合研究センター」などのように、研究機関の名称が「農業試験場」でない場合もあります）。

日本の地形は南北に長いため、北と南では気候や土壌条件などが異なります。そのため、イネを栽培するときに求められる技術や新しい品種を開発するときに重要とされる性質も、産地によってちがいがあります。

たとえば、平均気温が低い北海道で栽培するイネは、寒さに強く、低温で栽培しても障害を起こさない性質を持っていることが大切です。一方、温暖な気候である九州地方では、暑さに強く、高温で栽培しても枯れない性質を持つイネが必要とされます。

その地域の環境に応じた栽培技術や品種を開発することで、農業を持続的に続けていくことができるように支援しています。

最近では食味がよく、収穫量の多い品種などが望まれるようになってきているよ

◀山形県農業総合研究センターの水田農業試験場の試験田。異なる品種をならべて栽培し、生長のようすを比較する。

▼水田農業試験場で交配されたイネ。イネごとに、どの品種同士をかけ合わせたかがわかるようになっている。

（写真：鶴岡食文化創造都市推進協議会）

最先端の技術で農業を支える「農研機構」

農研機構は国が設立した研究機関で、正式名称を「国立研究開発法人農業・食品産業技術総合研究機構」といいます。

新品種の試験研究をおこなう機関や作物のDNAを研究する機関など、複数の機関が統合して、2015（平成27）年に国立研究開発法人となりました。

農研機構は、イネゲノムの研究成果を応用した品種開発や、ロボットや情報通信技術などを活用した最先端の農業技術の開発などをおこない、日本の農業の発展に貢献しています。

（写真：農研機構）

研究開発の成果を実用化するために、都道府県の農業試験場や大学、生産者などにも積極的に成果を公表しているよ

「スギ花粉米」を開発

農研機構　生物機能利用研究部門

スギ花粉症の治療法のひとつに、花粉症の原因となる物質（アレルゲン）を少しずつからだの中に取り入れてからだを慣れさせ、花粉症になりにくい体質に変えていくという方法があります。農研機構は、スギ花粉の改変アレルゲン（からだの中に取り入れても害のないように、安全なかたちに変えたアレルゲン）を取りこんだ遺伝子組み換えイネ（スギ花粉米）を開発。2020（令和2）年2月現在はまだ試験段階ですが、スギ花粉米を食べて花粉症を改善する方法が安全と実証されれば、実用化できる可能性があると期待されています。

▶研究用に使われた、スギ花粉米を炊いてつくったパックのごはん。

イネの遺伝子の位置関係を明らかにした

農研機構　次世代作物開発研究センター

イネには染色体が12本あります。1本の染色体には、数百から数千の遺伝子がふくまれていて、それぞれの遺伝子はさまざまな特ちょうを持っています。農研機構では、どの染色体にどんな特ちょうを持った遺伝子があるのかを解明することに成功。遺伝子の位置関係を明らかにしたことで、これまでにない新しい性質を持った品種を育成することが、技術的に可能になりました。

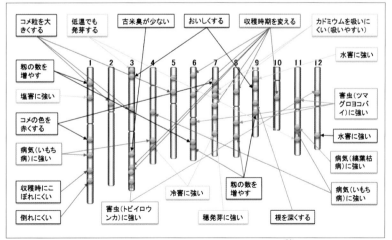

＜イネの染色体上に存在するさまざまな特ちょうを持つ遺伝子＞

▲この研究結果をもとに、「おいしさ」と「病気の強さ」をかね備えた「ともほなみ」という新品種の開発に成功した。

25

お米から調味料や化粧品ができるの？

お米は
いろいろなものに
変身するんだね

何してるの？
お兄ちゃん

お米とは何か
考えているんだ

なぜ急に！？

最近こんなことが
あったんだ…

ダイチ
このお酒はお米から
できているんだぞ～

えっ
お米からお酒？

コレにもお米
コレにも……

「米」という字がつく
調味料が
いくつもあるぞ

また
お米！？

米ぬか石けんで
きれいになれるかな～♪

いったい何者なんだお米！

お米はさまざまなものに変身するんだよ

たとえばお米を微生物（びせいぶつ）の力で発酵（はっこう）させると…

お酒などのアルコールやみりん、米みそ、米酢（こめず）などの調味料ができるんだ

ホントにお米からできているんだ！

ほかにも米ぬかにふくまれる成分、油分や

白米にふくまれるデンプンなどお米を使っていろいろなものがつくられているんだよ

クレヨン

インク

洗剤（せんざい）

食べるだけじゃない

お米にはいろいろな使いみちがあるんだなあ

日用品

石けん

化粧品（けしょうひん）

のり

ペとペとだ！

さまざまなお米の使いみち

お米の加工品ができるまで

お米はさまざまな工程をへて別の食べものとして味わったり、
日用品などに加工したりすることもできます。

◯ お米の使いみちはいろいろ

収穫されたイネは、脱穀されて茎の部分が取りのぞかれ、もみだけにされます（➡2巻 p.30〜31）。その後、精米（➡5巻 p.11）され、ぬかや胚芽を取りのぞき、白米となります。

白米になるまでに取りのぞかれたものは、そのままでは食べることはできませんが、手を加えることで、原料として活用することができます。

お米が加工されるまで

※おにぎりやすしなど、自宅やお店でごはんを調理して食べる料理はのぞく。

● 食品以外の加工品
● 加工食品

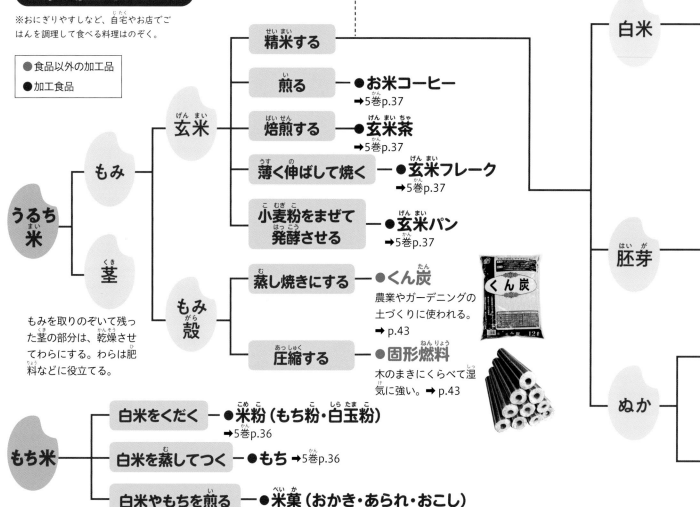

廃棄米
余剰米
など

規格がそろわず廃棄されるお米や生産しすぎてあまってしまったお米などを利用する。

樹脂素材をまぜる

● おもちゃ
おままごとセットや楽器など。
➡ p.43

● 日用品
歯ブラシやレジ袋など。
➡ p.43

うるち米

もみ

玄米

精米する

煎る ── ● お米コーヒー ➡5巻p.37

焙煎する ── ● 玄米茶 ➡5巻p.37

薄く伸ばして焼く ── ● 玄米フレーク ➡5巻p.37

小麦粉をまぜて発酵させる ── ● 玄米パン ➡5巻p.37

茎

もみを取りのぞいて残った茎の部分は、乾燥させてわらにする。わらは肥料などに役立てる。

もみ殻

蒸し焼きにする ── ● くん炭
農業やガーデニングの土づくりに使われる。 ➡ p.43

くん炭 12ℓ

圧縮する ── ● 固形燃料
木のまきにくらべて湿気に強い。➡ p.43

もち米

白米をくだく ── ● 米粉（もち粉・白玉粉） ➡5巻p.36

白米を蒸してつく ── ● もち ➡5巻p.36

白米やもちを煎る ── ● 米菓（おかき・あられ・おこし） ➡5巻p.37

白米

胚芽

ぬか

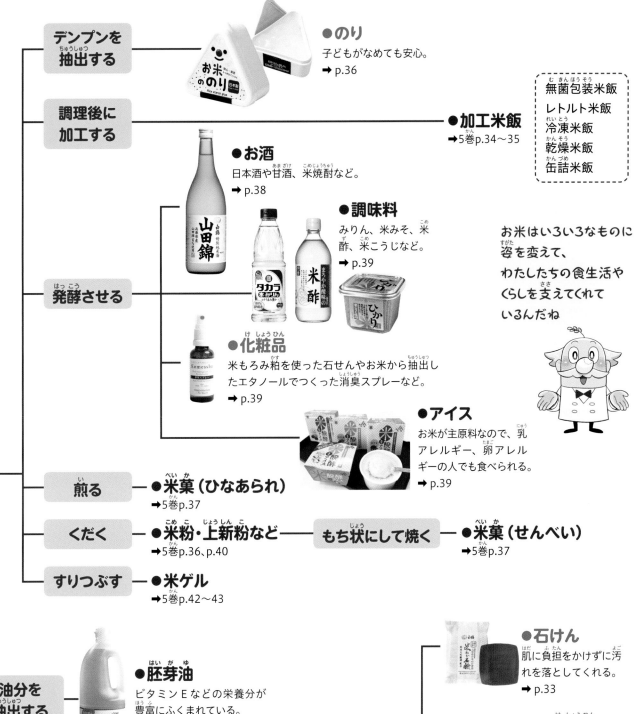

デンプンを抽出する ──── **●のり**
子どもがなめても安心。
➡ p.36

調理後に加工する ──── **●加工米飯**
➡5巻p.34〜35

無菌包装米飯
レトルト米飯
冷凍米飯
乾燥米飯
缶詰米飯

発酵させる

●お酒
日本酒や甘酒、米焼酎など。
➡ p.38

●調味料
みりん、米みそ、米酢、米こうじなど。
➡ p.39

●化粧品
米もろみ粕を使った石せんやお米から抽出したエタノールでつくった消臭スプレーなど。
➡ p.39

●アイス
お米が主原料なので、乳アレルギー、卵アレルギーの人でも食べられる。
➡ p.39

お米はいろいろなものに姿を変えて、わたしたちの食生活やくらしを支えてくれているんだね

煎る ── **●米菓（ひなあられ）**
➡5巻p.37

くだく ── **●米粉・上新粉など**
➡5巻p.36、p.40

もち状にして焼く ── **●米菓（せんべい）**
➡5巻p.37

すりつぶす ── **●米ゲル**
➡5巻p.42〜43

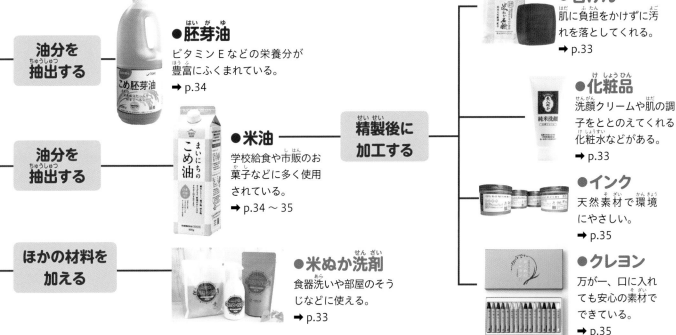

油分を抽出する

●胚芽油
ビタミンEなどの栄養分が豊富にふくまれている。
➡ p.34

油分を抽出する

●米油
学校給食や市販のお菓子などに多く使用されている。
➡ p.34 〜 35

ほかの材料を加える

●米ぬか洗剤
食器洗いや部屋のそうじなどに使える。
➡ p.33

精製後に加工する

●石けん
肌に負担をかけずに汚れを落としてくれる。
➡ p.33

●化粧品
洗顔クリームや肌の調子をととのえてくれる化粧水などがある。
➡ p.33

●インク
天然素材で環境にやさしい。
➡ p.35

●クレヨン
万が一、口に入れても安心の素材でできている。
➡ p.35

さまざまなお米の使いみち

原料として注目されるお米

お米は捨てるところがなく、まるごと活用できる資源です。
お米を加工することは、持続可能な社会の実現にもつながります。

○ 人や環境にやさしい原料として注目されている

p.28 ～ 29 で見たように、お米は炊いて食べるだけでなく、食品から食品以外のものまで、さまざまな製品の原料として使われています。

なかでも、精米で取りのぞかれる胚芽やぬかを利用して油や化粧品などをつくったり、捨てられるお米から日用品やおもちゃなどをつくったりすることは、資源の有効利用にもつながります。

また食べものを原料にしているため、人体にも影響がありません。

お米は昔から
あますことなく
使われてきたことを、
1巻でも学んだね

お米を加工に使うと
よいことがたくさん
あるんだね

注目ポイント1

食べものを原料にしているため、人体にも影響がない

注目ポイント2

「食べられないから」という理由で捨てられていたお米を有効利用することができる

注目ポイント3

加工品の原料となるお米は全国各地でつくられているので、※地産地消にもつながる。

▲▶お米から、子どもが安心して使える文房具をつくることもできる。

（写真：お米のクレヨン／ターナー色彩株式会社、お米ののり／クツワ株式会社）

※地産地消は、地元で生産されたものを地元で消費すること。

お米のめぐみを生かす

お米を原料にして加工品をつくり、お米をまるごと活用することは、「持続可能な社会」をつくることにもつながります。

持続可能とは、「かぎりある資源を使いつくすことなく未来に残していく」という意味です。

お米の生産者にとってはお米をむだなく利用することができ、消費者にとっては、安心で安全な製品を使うことにもつながります。

お米のめぐみを生かすことは、環境にやさしい行動にもつながるのです。

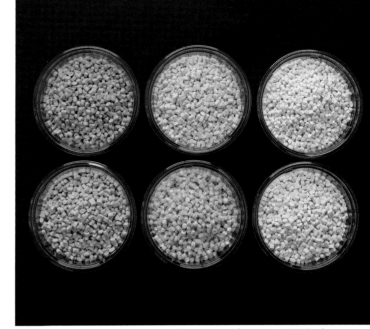

（写真：株式会社バイオマスレジン南魚沼）

▲お米を原料につくられたプラスチック。

お米からこんなにカラフルな素材をつくることもできるんだ

お米を通してつくる持続可能な社会

さまざまなお米の加工品

（写真：ピープル株式会社）

生産者

そのままでは食べることができない部分も、加工品の原料として役立てることができる。

消費者

食べものを原料にした製品を選ぶことで、人体に影響がなく、安全なものを取り入れながら生活をすることができる。

お米の加工のくふう

お米の加工から考える環境問題

わたしたちが食べている食べものは、すべてが国内で生産されているわけではありません。

たとえば、植物油の生産量を見てみると、なたね油と大豆油が8割以上をしめていますが、これらの原料のほぼ100%を輸入に依存しています。

原料をつくっている国では、農作物を育てたり、原料を日本に輸送したりするためにたくさんのエネルギーが消費され、問題となっています。

そこで注目されているのが米ぬかを原料とする米油です。米ぬかなら、国内で生産したお米で原料をまかなうことができるのです（➡ p.34）。

日本の植物油の生産量の割合

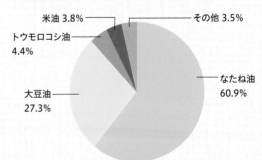

- 米油 3.8%
- トウモロコシ油 4.4%
- その他 3.5%
- なたね油 60.9%
- 大豆油 27.3%

農林水産省「油糧生産実績調査（2017年）」より

米油をつくるメーカーで構成される「日本こめ油工業協同組合」では、国産の油の生産量を増やすために、米油に普及に努めているよ

米ぬかの成分を生かす

昔の人はお米の副産物として、米ぬかをくらしの中でも役立てていました。現在、この自然の力が見直されています。

◯ 現代にも受け継がれる米ぬかの力

お米が持つ自然の力には、いろいろな効果があります。たとえば、米ぬかにふくまれているタンパク質は、今の洗剤に使われている成分と同じ役割を果たします。そのため、油よごれなどをきれいに落とすことができるのです。江戸時代の人は

洗たくや食器洗い、石けんとして米ぬかを使っていました。また、家の手入れをするのに、米ぬかを袋に入れて木の家具や柱をこすり、つやを出していました。

こうした昔の人びとの知恵が現代にも受け継がれ、米ぬかの持つ効果を生かした製品がつくられています。

米ぬかの成分

米ぬかにはタンパク質のほか、脂質や食物繊維、ビタミン、ミネラルなどがふくまれている。食用としてからだによいだけでなく、一部の成分は食用以外でも役に立っている。

タンパク質（ガンマグロブリン）

米ぬかにふくまれる、ガンマグロブリンというタンパク質には、よごれをはがしやすくする天然の洗剤のような効果があるといわれる。

脂質（ガンマオリザノール、セラミド）

米ぬかの脂質にふくまれるガンマオリザノールには、日焼けによるシミなどの害を防ぐ効果があるといわれる。また、セラミドという脂質には、肌の水分をにがさない効果があるとされる。

食物繊維

米ぬかにふくまれる食物繊維は、おなかの調子をととのえたり、血液の中にふくまれるコレステロールという脂質が上昇するのをおさえる働きがあるといわれている。

そのほかの成分

ビタミン B₁、B₆、E などのビタミン、鉄やカルシウム、マグネシウムなどのミネラルを多くふくんでいる。

玄米全体のわずか10％ほどの米ぬかに、75％もの栄養分がふくまれているといわれているよ

お米まめ知識 タケノコをゆでるとき、アク（しぶ味や苦味となる成分）を取るために、米ぬかを入れることがあるよ。米ぬかの成分がアクの成分を吸い寄せるからだと考えられているんだ。

洗剤

米ぬかにフスマ（小麦の外皮や胚芽）や微生物を加えてつくられた洗剤。食器洗い、部屋のそうじ、洗たくものの手洗いなどに使える。

（写真：地球洗い隊）

石けん・化粧品

顔を洗うときに使う洗顔フォーム、手洗い用石けん、米ぬか効果で肌をうるおす化粧水などの製品がつくられている。

くつ下

米ぬかの成分を繊維に練りこんだ生地でできたくつ下。米ぬかの栄養分は皮ふから浸透しやすく、はくと、かかとがつるつるになる効果が得られる。

（写真：株式会社鈴木靴下）

お米の成分がくつ下の繊維に練りこんであるから、洗たくしても効果が続くよ

お米がくつ下にも変身するなんて、すごいね！

▲洗顔フォーム
（写真：白鶴酒造株式会社）

▲手洗い用石けん
（写真：白鶴酒造株式会社）

▲化粧水
（写真：株式会社石澤研究所）

知りたい！ 昔の人も知っていたお米の美容効果

　江戸時代の人たちは、小さな布の袋にぬかを入れ、袋をお湯にひたして、そのしぼり汁で顔やからだを洗っていました。ぬかにはよごれを落とす成分だけでなく、肌をしっとりさせる成分や、きれいな肌を守る成分がふくまれています。こうした美容効果があることは江戸時代から知られていたらしく、ぬか袋の使い方を説明する美容本も出版されていました。

▶江戸時代にえがかれた、顔を洗う女性の絵。手に持っている赤い小さな袋がぬか袋。

『江戸名所百人美女（歌川国貞画）』（所蔵：東京都立図書館）

33

米ぬかから油を取る

玄米を白米に精米したときに残る、米ぬかや胚芽には油分がふくまれています。この油は取り出して活用できるのです。

貴重な国産植物油の原料

　日本で生産されている植物油のほとんどが、輸入した原料を使っています（➡ p.31）。そのなかで、数少ない国産原料、米ぬかからつくられているものが米油です。米油は栄養のバランスがよく、またからだによい成分が多くふくまれています。

　ただ、米油には、大量に生産するのがむずかしいいくつかの理由があります。ぬかにふくまれる油の量が少ない点や、ぬかはいたみやすいため、大量に保存して一度に生産することができない点などです。このため米油の原料として、ぬかの油分が多い品種や、精米後もぬかの油が長持ちする品種をつくる研究が進められています。

▶米油の原料となる米ぬか。

油を取り出す

機械でしぼって油を取り出している（圧搾法）。すぐに加工しないと質が落ちるので、原料の米ぬかを入手したあとは、なるべく早く作業を始める。

※油を取り出す方法には、圧搾法のほかに油がとけ出しやすくなる成分をまぜて油を取り出す溶剤抽出法がある。

米油の栄養

ビタミンEをはじめ栄養素が多くふくまれていて、そのバランスもよいので、健康によい油として人気が高まっている。

ビタミンE

細胞の健康を守る抗酸化作用のある栄養素。なたね油や大豆油の倍以上ふくまれている。

トコトリエノール

ビタミンEの一種。細胞をさびつかせないように守る抗酸化作用が強く「スーパービタミンE」ともよばれる。米油とパーム油にしかない成分。

植物ステロール

悪玉コレステロールがからだに吸収されるのを防ぐ働きがある。なたね油や大豆油の倍以上ふくまれている。

※コレステロールは脂質の一種で血液中を流れる。悪玉コレステロールは、肝臓から全身へコレステロールを運ぶ役割を持っているが、増えすぎると病気を引き起こす。

ガンマオリザノール

米ぬか特有の成分。血のめぐりをよくしてストレスからくる病気を防ぐ効果があるといわれている。

精製する

ろか装置や遠心分離機などを使って、固まりやすい成分を取りのぞく。そのほかの不純物やぬかの色素、においなどものぞいて、きれいで香りのよい油に仕上げる。

▲フィルターをとおして、不純物を取りのぞき、油の色をきれいにしている。

◀装置を使って、においなどを取りのぞいている。

（写真：三和油脂株式会社）

お米まめ知識　お米からつくる油には、胚芽を原料に活用した「胚芽油」もあるよ。胚芽油は、玄米 10kg からわずか 100g しか抽出できない貴重な油だけれど、米油よりも栄養分を豊富にふくんでいるよ。

○ いろいろな食品に使われる米油

　毎日の生活のなかで、米油を口にする機会は少なくありません。米油はほかの食用油とくらべてサラサラしているのが特ちょうで、米油を使って揚げ物をすると、カラッと揚がりやすいといわれています。

　さらに、油は空気に触れていると、酸化して油の質が落ち、胃もたれしやすくなったり、風味が悪くなったりしてしまいます。しかし、米油には酸化しにくい性質があるため、こういった問題を起こしにくいのです。

　身近な例では、ポテトチップスなどのスナック菓子や揚げ菓子、パンやケーキの材料に使われていたり、マヨネーズやドレッシング、豆乳などにふくまれていたりします。また、多くの学校で給食に使われています。

もっと 知りたい！

油を取ったあとの米ぬかも活用する

　米油をつくる工程では、米油だけでなく、脱脂ぬか（油分をぬいたぬか）ができます。脱脂ぬかは栄養を多くふくむため、肥料や飼料に利用されています。また、この脱脂ぬかに特殊な素材をまぜて焼いた、RBセラミックスという素材も開発されています。RBセラミックスはゴムなどにまぜることで、すべりにくく、すり減りにくい製品をつくれます。

▶米油をつくる際に残った、脱脂ぬか（写真左）。これを利用したRBセラミックスは、靴やタイヤなどに使われている（写真右）。

（写真：脱脂ぬか／小川食品工業株式会社、靴／ミライトス株式会社）

国産のお米を使ってつくられた米油は安全性の面でも人気が高いんだよ

お米の加工のくふう　お米の画材で絵がかける!?

　米油や、米油から取りのぞいた固まりやすい成分（ライスワックス）を使って、クレヨンやインクのような画材をつくることができます。たとえ口の中に入ってしまったとしても、からだへの負担が少なくてすむ、安全性の高さが特ちょうです。

　お米からできたクレヨンは文房具店などで販売されています。また、お米からできたインクは、わたしたちの身の回りにある印刷物に使われています。

ライスインキ
米ぬかの成分からつくられた、印刷用のインク。学習塾のテスト用紙やコンビニおにぎりの包装紙などの印刷に使われている。

（写真：株式会社 T&K/TOKA）

お米のクレヨン
米ぬかから取れる成分を使った、安全なクレヨン。かきごこちも発色も、ふつうのクレヨンと変わらない。

（写真：ターナー色彩株式会社）

お米のデンプンを活用する

お米に水と熱を加えると、お米にふくまれるテンプンが「糊化（こか）」し、のりのようなねばりけが出てきます。

お米からのりをつくる

お米にふくまれているデンプンには、強いねばりけがあります。この特ちょうを活用して、強い接着力（せっちゃくりょく）があるのりをつくることができます。日本では昔から、紙や木を接着（せっちゃく）したり、着物に柄（がら）をかいたりするために、お米からつくったのりを使用していました。お米からつくったのりは、現代（げんだい）でも活用されています。

障子（しょうじ）はり

◀和室の戸などで使われている障子（しょうじ）は、昔から米のりを使ってはられていた。化学物質（ぶっしつ）を使わない米のりは、安心、安全な接着剤（せっちゃくざい）として利用されている。

工作用ののり

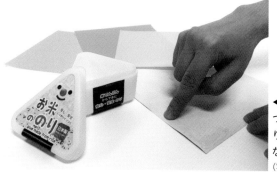

◀子どもの工作用につくられたお米ののり。小さな子どもがなめても安心だ。
（写真：クツワ株式会社）

木材をはり合わせる

◀▲お米ののりは固まると木に近い成分になるので、はがれにくい。上のたなは、お米ののりではり合わせた木材でつくられている。

（写真：株式会社無添加住宅）

着物の絵付けの下準備（じゅんび）

◀伝統的（でんとうてき）な染め物（そめもの）の友禅染（ゆうぜんぞめ）における「のりふせ」という作業にも米のりが使われる。のりふせをすることで、絵付けをしたときに色がにごらず、きれいにえがくことができる。
（写真：友禅工房堀部）

江戸（えど）時代にはおけにのりを入れて売り歩く、「のり売り」もいたんだって

お米でのりをつくってみよう!

お米にふくまれるデンプンは、生(なま)のお米のときは固(かた)い状態(じょうたい)だけど、お米が炊(た)きあがってごはんになるとやわらかくなり、ねばりけが生まれるよ。ここでは温かいごはんを使って、お米ののりをつくるよ。

用意するもの

● 温かいごはん(お好みの量)
● すりばち
● めんぼう
● 水(きりふきに入れたものでもよい)

▲完成したお米ののり。

ごはんが冷めるとデンプンの性質(せいしつ)が変化してねばりけがなくなってしまう(➡5巻(かん)p.15)から、温かいごはんでつくるのがポイントだよ

つくり方

1 すりばちに入れる
すりばちに、温かいごはん(冷めている場合は電子レンジなどで温める)を入れる。

2 水を入れる
すりばちの中に、水を少しだけ加える。

3 つぶす
めんぼうで、米粒(こめつぶ)と水をなじませるようにつぶす。

4 くり返す
2~3をくり返し、米粒(こめつぶ)のかたちがなくなるくらいトロトロになったところで完成。

▲お米ののりを紙などにはって、くっつけてみよう。

あまったのりは、ラップにつつんで、冷蔵庫(れいぞうこ)に入れておこう。食べものとまちがえないように注意してね

37

お米を発酵させる

目に見えないほど小さな生き物、微生物の働きによって、
お米の成分を変化させ、アルコールをつくることができます。

微生物の力で発酵させる

微生物の働きによって、食品の成分を変化させることを「発酵」といいます。お米にこうじ菌という微生物をまぶしてできた米こうじによって、お米のデンプンがブドウ糖という、あまい成分に変化します。ここに酵母という微生物を加えると、ブドウ糖がアルコールになります。これがアルコール発酵です。

また、米こうじは、発酵を利用してつくる調味料、米みそやみりん、米酢などにも使われます。

お米からできる飲み物

お米を発酵させることで、お酒などアルコールの入った飲み物や、甘酒をつくることができます。

日本酒

お米にこうじ菌と酵母、水を加えてつくる、アルコールの入った飲みもの。発酵が終わったら、おかゆのようになった「もろみ（→ p.41）」をしぼって液体を取り出す。

（写真：白鶴酒造株式会社）

米焼酎

お米、こうじ菌、酵母、水をまぜ合わせて発酵させるところまでは日本酒と同じだが、発酵したもろみに熱を加えて、アルコールを蒸発させる。その後、気体になったアルコールを冷やして、液体にもどす。この手順を蒸留といい、不純物の少ない、アルコールの濃いお酒をつくれる。

（写真：宝酒造株式会社）

甘酒

「酒」と名前についているが、アルコールは入っていない。お米と米こうじだけでつくる飲みもので、こうじ菌がつくったブドウ糖があまみを出している。

（写真：白鶴酒造株式会社）

お米がアルコール発酵するしくみ

お米のデンプン

↓

こうじ菌を加える

▶お米にこうじ菌をまぶしてできた米こうじ。米こうじによってデンプンが変化して、ブドウ糖に変わる。

ブドウ糖

↓

酵母を加える

▶電子顕微鏡で見た酵母。ブドウ糖をアルコールに変える働きをする。

アルコール

こんなお米も!

全国で生産されているお米のなかには、そのまま食べるのではなく、おもに日本酒をつくる原料用として育てられているものがあります。「酒米（酒造好適米）」といい、主食用のお米とくらべると、米粒の中心に心白とよばれる白い部分があります。ここはデンプンがとくに豊富で、こうじ菌が入りこみやすいすき間がたくさんあるため、米こうじをつくるために最適なのです。

▲左が酒米（山田錦）、右がふつうのお米（日本晴）。酒米は白い心白が特ちょうだ。
（写真：白鶴酒造株式会社）

発酵させてつくる調味料

お米を発酵させてつくる食品は、アルコール類ばかりではありません。米みそや米酢などの調味料をつくるときにも、発酵の力は役立っています。

みりん

料理にあまみや、つやを加える調味料。蒸したもち米に、米こうじと焼酎などのアルコールをまぜてつくる。米こうじがもち米のデンプンを糖に変えるため、あまみが出る。

(写真：宝酒造株式会社)

米みそ

みそ汁やみそ煮、みそだれなどに使う調味料。蒸してすりつぶした大豆と米こうじ、塩をまぜて発酵させる。米こうじがつくるあまみと、大豆のタンパク質が分解されてできるうまみがある。

(写真：ひかり味噌株式会社)

米酢

料理にすっぱさを加える調味料。酢のものや、すし飯などに使われる。日本酒と同じようにお米からアルコールをつくったあと、酢酸菌という微生物を加えて、さらに発酵させる。すると、酢酸菌がアルコールを「酢酸」というすっぱい成分に変化させる。

(写真：内堀醸造株式会社)

米こうじ

米こうじには、微生物の働きで肉や魚をやわらかくしたり、素材の味を引き出す効果がある。肉や魚にまぶして焼いたり、野菜などをつけこんでつけものにしたり、料理に少し足して味をよくしたりできる。米こうじに塩やしょうゆを加えた「塩こうじ」や「しょうゆこうじ」も、いろいろな使い方ができる調味料として使われている。

お米の発酵は
お酒を飲めない
人たちにも
役立っているんだね

お米の加工のくふう　発酵を応用してさまざまなものをつくる

株式会社ファーメンステーションでは、岩手県奥州市でとれたお米を使いエタノール（アルコールの一種）をつくっています。エタノールからは、化粧品やアロマ用品、消臭スプレー、アウトドア用のスプレーなどをつくれるほか、アルコールランプの燃料として使うことができます。また、エタノールといっしょにできる米もろみ粕は、石けんにして活用しています。

このように発酵の力を利用した製品をつくり、販売しています。

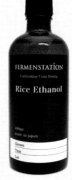
▶エタノール

◀アウトドア用のスプレー

▲石けん

▲アルコールランプの燃料

(写真：株式会社ファーメンステーション)

お米まめ知識　発酵させたお米をすりつぶしたピューレと豆乳を使ってつくったアイスクリームもあるよ。お米と豆乳を原料としているから、アレルギーなどでふつうのアイスクリームを食べられない人も食べられるよ。

お米の加工のくふう 日本酒ができるまで

お米にこうじ菌をまぜて米こうじをつくり、そこに酵母を加えて発酵させて、日本酒をつくるようすを見てみましょう。

日本酒をつくる微生物の働き

日本酒づくりには、「こうじ菌」「酵母」という微生物の力が必要です。このふたつがうまく働くことで、おいしい日本酒ができあがります。そのためには、微生物が活動しやすい環境をつくることが大切です。職人たちは、温度や湿度の管理に加え、こまめに菌の増え方や発酵の状態を確認し、調整していく作業をくり返しています。

工場でいったいどんなふうにつくられているのかな？

1 精米する

玄米についているぬかを取りのぞき精米し、白米にする。

▲ぬかがついた玄米（❶）と、精米後の白米（❷）。

2 洗う・水にひたす

精米したお米を水でよく洗い、そのあと水分をふくませるためにしばらく水につける。

▲かごに入れ、水にひたしたお米の水を切る。

3 蒸す

水につけたお米を、専用の蒸し器を使って蒸す。

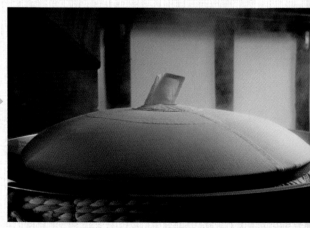

4 米こうじをつくる

蒸したお米にこうじ菌（お米にふくまれるデンプンをブドウ糖に変える微生物）をふりかけて、もみほぐしたり、広げたりしながら2〜3日かけて米こうじをつくる。

◀米こうじは、蒸したお米にこうじ菌をつけて繁殖させたもの。お酒をつくるのには欠かせない材料。

日本酒はたくさんの発酵をくり返してつくられているよ！

5 酒母をつくる

水、米こうじ、蒸したお米に、酵母（お米にふくまれる糖をアルコールにかえる微生物）を合わせて発酵させる。

▲発酵して酵母が増えると、お酒のもと「酒母」になる。

6 もろみを発酵させる

酒母と米こうじ、蒸したお米、水を、タンクやおけに移してまぜ合わせ、発酵させる。

▲材料をまぜ合わせ、どろどろにしたものを「もろみ」という。

▶温度や湿度を管理して、毎日もろみをかきまぜ、20〜30日ほどかけて発酵させる。

7 しぼる

袋に発酵したもろみを入れて、たるなどの中につるし、しぼってお酒を取り出す。

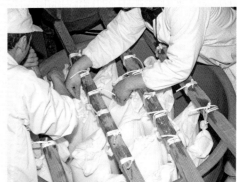

▲お酒がしたたり落ちるようにしてしぼるのは、伝統的なしぼり方のひとつ。

8 火を入れる

しぼったお酒に熱を加え、60〜65℃くらいに温めて殺菌する。

完成！

火を入れ終わった日本酒をしばらくタンクにおいておくと、お酒の味が落ちついて風味が出るよ！

（写真：月桂冠株式会社、高野酒造株式会社）

41

捨てられてしまうお米を生かす

食品として販売できないお米やもみ殻を、素材の原料や
燃料として活用することで、むだをなくすことができます。

お米がプラスチックになる!?

　プラスチックの原料となる石油は、いつか地球上からなくなるおそれのある、貴重な資源です。しかしプラスチックは身の回りの多くのものに使われている、わたしたちの生活にはなくてはならない素材です。そこで、今まで捨てられていたお米を使ってつくるプラスチックが注目されています。

　お米のプラスチックは、お米とプラスチックを溶かして練り合わせてつくります。これを使うことで、石油を節約しながら、プラスチック製品を生産できるのです。また、石油由来のプラスチックごみを焼却処分すると、地球温暖化の原因となる二酸化炭素が発生しますが、お米からつくられた自然由来のプラスチックなら二酸化炭素の発生量を少なくすることができます。

プラスチックの原料となるお米

お米のプラスチックの原料になるのは、精米のときに割れてしまったお米や、売れ残ってしまったお米など、これまで有効に使われていなかったお米が中心となっています。

廃棄米
割れている、粒が小さいなど、食用に使えない不良品のお米。

余剰米
収穫されてから、長く売れ残ったお米。

食品ロス
賞味期限の切れたもちやパックのごはんなど。捨てられる食品。

資源米
食用ではなく、資源として使うために育てられたお米。

▲機械でプラスチックと練り合わせて完成した、お米のプラスチック。

（写真：株式会社バイオマスレジン南魚沼）

▲カラフルに色付けされたお米のプラスチック。こちらは 51%がお米でできている。

お米のプラスチックでできた製品

株式会社バイオマスレジン南魚沼では、お米でできたプラスチックを「ライスレジン」という名前で実用化し、メーカーと協力しながらさまざまな製品をつくっています。

▲赤ちゃんが口に入れても危険性が少ない、おままごとセット。

（写真：ピープル株式会社）

◀ライスレジンを使って製造した「お米の歯ブラシ」。
（写真：山陽物産株式会社）

▶小さな子どもでも使いやすい、軽くて色とりどりのオカリナ。

（写真：株式会社長峰製作所）

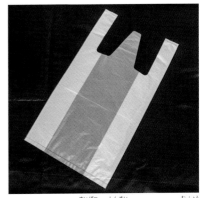

▲台風のときに水没、浸水したお米を無償で引き取り、レジ袋やごみ袋の原料として活用したこともある。

（写真：株式会社バイオマスレジン南魚沼）

お米の加工のくふう　もみ殻を捨てずに加工する

脱穀したあと、ほとんどの場合が捨てられてしまうもみ殻ですが、少しの手間を加えることで、有効に活用できます。

土づくりに欠かせないくん炭

あかぎ園芸株式会社（群馬県伊勢崎市）

もみ殻を蒸し焼きにして炭にした「くん炭」は土にまぜこむと、土がふかふかになります。作物によい働きをする土の中の微生物を増やすなどの効果があり、農業やガーデニングの土づくりに使われます。

▲化学物質を使わずに、土にふくまれる栄養を増やせる。

（写真：あかぎ園芸株式会社）

もみ殻を固形燃料にしたモミガライト

株式会社トロムソ（広島県尾道市）

秋の収穫を終えた多くの農家が、もみ殻の処分に困っているという声を聞き、株式会社トロムソが取り組んだのが、もみ殻からつくる固形燃料、モミガライトづくりです。木のまきよりも、火が長持ちするという特ちょうがあります。

▶湿気に強いため、災害に備えて長く保存したいときにも有効だ。

（写真：株式会社トロムソ）

もっと知りたい！

お米から飼料をつくる

日本では家畜の飼料として、トウモロコシなどを大量に輸入しています。
しかし飼料専用のお米を育てれば、国内でつくった飼料が使えます。

田んぼを有効に活用する

　主食としての日本のお米の消費量は 1962（昭和 37）年以降、少しずつ減り続けています。いっぽう家畜の飼料にするお米「飼料用米」の生産量は増えてきました。

　お米の生産者は、田んぼを有効に利用するために飼料用米をつくり、家畜を育てる生産者は、国内の飼料を使うことができます。

いろいろな飼料用米

採卵鶏※　ブロイラー※

乳牛　肉牛

ブタ

ニワトリには、飲みこんだ砂や小石を食物とともにすりつぶす器官「砂のう」があるので、固いままのもみ米（左）や玄米（右）をほかの飼料にまぜてあたえる。

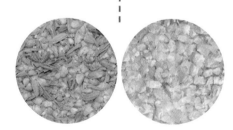

ウシやブタには消化をよくするため、もみ米（左）や玄米（右）を細かくくだいたものを、ほかの飼料にまぜてあたえる。

こんな飼料も

くだいたもみに水と乳酸菌を加えて、発酵させたもみ米サイレージという飼料もある。

同じ飼料用米でも、かたちを変えることでいろいろな家畜にあたえられるんだ！

※採卵鶏とは、たまごをとるために飼育されるニワトリ。
※ブロイラーは、食肉用となるニワトリ。

飼料用米専用品種の特ちょう

飼料用米と主食用米には、さまざまなちがいがあります。たとえば、飼料用米は主食用米とくらべて稲穂が大きく、収穫量が多いという特ちょうがあります。手間をかけずに多くの量を収穫できるところや、倒れにくく、病害虫に強いところが利点です。

また、飼料用米は家畜の成長に重要なタンパク質を多くふくむように改良されています。ただし、人が食べてもあまりおいしくありません。

日本では家畜の飼料を海外からの輸入にたよっているんだ。国内ですべてまかなえるようになるのが理想なんだよ

各地でつくられているおもな品種

育てる地域の気候や風土に合わせて、さまざまな品種がつくられています。この25品種は「多収品種」といい、国の検査によって実の量が多いことが確認されている。（2020年2月現在）

きたあおば
たちじょうぶ
きたげんき
北瑞穂

みなゆたか
えみゆたか

べこごのみ
ふくひびき
べこあおば
いわいだわら

夢あおば
ゆめさかり

ミズホチカラ
モグモグあおば
まきみずほ

ホシアオバ	モミロマン
タカナリ	クサホナミ
オオナリ	クサノホシ
もちだわら	みなちから
北陸193号	ふくのこ

農林水産省「飼料用米の推進について（2019年12月）」より
※東京都、沖縄県では飼料用米はつくられていない。

飼料用米で畜産物をブランド化

飼料用米で育った家畜やそこからつくられた加工品をブランド化して売り出す取り組みも進んでいます。

日本では多くの家畜が、おもに輸入したトウモロコシの飼料で育てられているため、国産の飼料用米をあたえているということは、安全性やおいしさのアピールにもなります。

米活用畜産物全国展開事業では、ロゴマークをつくるなどして、「お米で育った畜産物」を広めています。

◀「お米で育った畜産物」のロゴマーク。

▼会田共同養鶏組合がオリジナル商品として販売している「あいだの米たまご」。もみ米を20％配合した飼料で育ち、うまみやあまみが強い。

（写真:（農）会田共同養鶏組合）

▲養豚経営をおこなっているポークランドグループでは、地元産の飼料米を使用した豚肉のブランド化をおこない「日本のこめ豚」という商品名で全国に販売している。

（写真: ポークランドグループ）

45

さくいん

ここでは、この本に出てくる重要な用語を50音順にならべ、その内容が出ているページ数をのせています。
調べたいことがあったら、そのページを見てみましょう。

監修

辻井良政（つじいよしまさ）

東京農業大学応用生物科学部教授、農芸化学博士。専門は、米飯をはじめとする食品分析、加工技術の開発など。東京農業大学総合研究所内に「稲・コメ・ごはん部会」を立ち上げ、お米の生産者、研究者から、販売者、消費者まで、お米に関わるあらゆる人たちと連携し、未来の米づくりを考え創出する活動もおこなっている。

佐々木卓治（ささきたくじ）

東京農業大学総合研究所参与（客員教授）、理学博士。専門は作物ゲノム学。1997年より国際イネゲノム塩基配列解読プロジェクトをリーダーとして率い、イネゲノムの解読に貢献。現在は、「稲・コメ・ごはん部会」の部会長として、お米でつながる各業界関係者と協力し、米づくりの未来を考える活動をけん引している。

装丁・本文デザイン　周 玉慧、Studio Porto
DTP　Studio Porto
協力　東京農業大学総合研究所研究会
　　　（稲・コメ・ごはん部会）
　　　山下真一、梅澤真一（筑波大学附属小学校）
編集協力　酒井かおる
キャラクターデザイン・マンガ　森永ピザ
イラスト　たじまなおと、高山千草
校閲・校正　青木一平、村井みちよ
編集・制作　株式会社童夢

イネ・米・ごはん大百科

❹お米の品種と利用

発行　　2020年4月　第1刷
監修　　辻井良政　佐々木卓治
発行者　千葉 均
編集　　崎山貴弘
発行所　株式会社ポプラ社
　　　　〒102-8519　東京都千代田区麹町4-2-6
　　　　電話　03-5877-8109（営業）
　　　　　　　03-5877-8113（編集）
　　　　ホームページ　www.poplar.co.jp（ポプラ社）
印刷・製本　凸版印刷株式会社

取材協力・写真提供
JA全農にいがた／全農パールライス株式会社／鹿児島パールライス株式会社／JA全農とくしま／JA全農ふくおか／新潟県農林水産部／富山県農林水産部／農研機構／ホクレン農業共同組合連合会／山形県県産米ブランド推進課／株式会社ミツハシ／農林水産省／鶴岡食文化創造都市推進協議会／地球洗い隊／株式会社鈴木靴下／白鶴酒造株式会社／株式会社石澤研究所／クツワ株式会社／東京都立図書館／三和油脂株式会社／小川食品工業株式会社／ミライトス株式会社／株式会社T＆K/TOKA／ターナー色彩株式会社／株式会社無添加住宅／友禅工房堀部／クツワ株式会社／宝酒造株式会社／ひかり味噌株式会社／内堀醸造株式会社／株式会社ファーメンステーション／月桂冠株式会社／高野酒造株式会社／株式会社バイオマスレジン南魚沼／山陽物産株式会社／ピープル株式会社／株式会社長嶋製作所／あかぎ園芸株式会社／株式会社トロムソ／米活用畜産物等全国展開事業／（農）会田共同養鶏組合／ポートランドグループ

写真協力
株式会社アフロ／株式会社フォトライブラリー／ピクスタ株式会社

ISBN978-4-591-16534-8　N.D.C.616／47p／29cm Printed in Japan

イネ・米・ごはん大百科

全**6**巻

監修 辻井良政
　　　佐々木卓治

◆ 全国各地の米づくりから、米の品種、料理、歴史まで、お米のことがいろいろな角度から学べます。

◆ マンガやたくさんの写真、イラストを使っていて、目で見て楽しくわかりやすいのが特長です。

小学校中学年から A4変型判／各47ページ
図書館用特別堅牢製本図書